BEI GRIN MACHT SICH IHR WISSEN BEZAHLT

AF148278

- Wir veröffentlichen Ihre Hausarbeit,
  Bachelor- und Masterarbeit

- Ihr eigenes eBook und Buch -
  weltweit in allen wichtigen Shops

- Verdienen Sie an jedem Verkauf

Jetzt bei www.GRIN.com hochladen und kostenlos publizieren

Bibliografische Information der Deutschen Nationalbibliothek:

Die Deutsche Bibliothek verzeichnet diese Publikation in der Deutschen National-bibliografie; detaillierte bibliografische Daten sind im Internet über http://dnb.d-nb.de/ abrufbar.

Impressum:

Copyright © 2010 GRIN Verlag, Open Publishing GmbH
Druck und Bindung: Books on Demand GmbH, Norderstedt Germany
ISBN: 9783640651559

Dieses Buch bei GRIN:

http://www.grin.com/de/e-book/153058/zur-anwendung-von-flaecheninhalt-und-umfang

Melissa Naase

Zur Anwendung von "Flächeninhalt und Umfang"

Klassenstufe 6, Hauptschule NRW

GRIN Verlag

GRIN - Your knowledge has value

Der GRIN Verlag publiziert seit 1998 wissenschaftliche Arbeiten von Studenten, Hochschullehrern und anderen Akademikern als eBook und gedrucktes Buch. Die Verlagswebsite www.grin.com ist die ideale Plattform zur Veröffentlichung von Hausarbeiten, Abschlussarbeiten, wissenschaftlichen Aufsätzen, Dissertationen und Fachbüchern.

Besuchen Sie uns im Internet:

http://www.grin.com/

http://www.facebook.com/grincom

http://www.twitter.com/grin_com

Seminar für Lehrämter an Schulen Paderborn
-Seminar Sekundarstufe I / GHRGe (HRGe)-

Name: Melissa Naase   Ausbildungslehrer: XXX
Schule: XXX   AKO: XXX
Lerngruppe: 6b, eigenständiger Unterricht   Schulleiterin: XXX
Fach: Mathematik, 4. UB   Fachleiterin: XXX
Datum: Freitag, 12. März 2010
Zeit :   4. Stunde / 10:10 – 10.55 Uhr   Hauptseminarleiter: XXX

1. Übergeordnetes Ziel der Reihe: Flächeninhalt und Umfang

Ziel der Unterrichtseinheit:
Entwickeln einer Vorstellung von Flächeninhalt und Umfang sowie deren Beziehung.

2. Einbettung der Stunde in den Zusammenhang der Unterrichtseinheit

1) Flächeninhalt des Rechtecks
2) Umfang des Rechtecks
3) Zusammengesetzte Flächen
4) **Vermischte Aufgaben anhand eines Wohnungsgrundrisses**
5) Transfer anhand von Textaufgaben

3. angestrebter fachlicher Lern- bzw. Kompetenzzuwachs:

Die SuS berechnen Flächeninhalte und Umfänge von Rechtecken und „zusammengesetzten Flächen".

4. prozessbezogenes, soziales Ziel für diese konkrete Stunde:

Die SuS arbeiten in Gruppen. Sie entwickeln ihre Kooperationsfähigkeit und lernen, dass sie Verantwortung für das gemeinsame Ergebnis tragen.

5. Didaktischer Schwerpunkt

Als fachliche und soziale Kompetenzen am Ende der Jahrgangsstufe 6 an der Hauptschule in NRW sieht der Kernlehrplan unter anderem vor, dass die SuS Flächeninhalte und Umfänge berechnen können. Die SuS können beim Lösen von Problemen im Team arbeiten und Informationen aus mathematischen Darstellungen in eigenen Worten wiedergeben. Außerdem ist vorgesehen, dass die SuS über eigene und vorgegebene Lösungswege sprechen, sowie ihre Ideen und Ergebnisse in kurzen Beiträgen präsentieren.

Die heutige Stunde ist eine Übungsstunde zum Thema Flächeninhalt und Umfang. Hierbei wird auch auf zusammengesetzte Flächen eingegangen. Fachliche Vorraussetzungen sind die Beherrschung der Formeln von Flächeninhalten und Umfängen, sowie ein Verständnis für zusammengesetzte Flächen. Die Behandlung von Flächeninhalt und Umfang fand bereits in Klasse 5 statt und wird in 6 im Rahmen des Spiralprinzips wieder aufgegriffen und um das Thema „zusammengesetzte Flächen" ergänzt.

Die **Alltagsbedeutung** dieser Aufgabe ist sehr deutlich durch den Aufgabentyp. Anhand der Textaufgabe erhalten die SuS Bezug zu einer Familie, die eine neue Wohnung sucht. Sicherlich sind einige SuS auch schon einmal mit ihrer Familie umgezogen. Die Berechnung von Flächeninhalten und Umfängen spielt nicht nur bei der Wohnungssuche eine Rolle, sondern auch wenn die SuS einmal selber etwas basteln oder bauen wollen und wissen müssen, wie viel Material sie dafür benötigen.

Zum **Stundeneinstieg**- direkt nach der Begrüßung- lösen die SuS Additions- und Multiplikationsaufgaben im Kopf, da diese auch beim Errechnen von Umfang und Flächeninhalt wichtig sind. Dabei gehe ich auch auf den Aufgabentyp 2x+2y ein, welcher der Berechnung des Umfanges entspricht. Wer eine Aufgabe gelöst hat darf aufstehen, nach der 2. Runde darf er sich setzen. Dies hat den Vorteil, dass so alle SuS kommen an die Reihe kommen.
Anschließend wird der Arbeitsauftrag für die Gruppenarbeit erläutert und die Aufgaben kurz vor besprochen. Da der Schwerpunkt der Aufgaben nicht darin liegt, dass die SuS darauf kommen die Ergebnisse am Ende addieren zu müssen, stellt sich dies als sinnvoll dar. Dadurch können die SuS von Anfang an mit beiden Aufgabenteilen starten. Es wird kein Schnitt gemacht um erst a) in der Gruppe zu besprechen und dann mit b) zu starten.

Eine **didaktische Reduktion** findet durch das vorbereitete Arbeitsmaterial und die Arbeitsform in Gruppen statt. Um die Aufgaben des Aufgabenblattes zu lösen gibt es gestufte Lernhilfen, die die SuS bei Schwierigkeiten benutzen können. Pro Aufgabe gibt es 3 gestufte Lernhilfen, die anfangs lediglich einfachen Tipp geben und am Ende sogar eine Hilfestellung wie die benötigte Formel aufzeigen. Durch die Vorbesprechung der Aufgabenteile könnte man auf das Auslegen der TIPP Karten 1 verzichten. Dennoch wird diese ausgelegt, falls ein Schüler bei der Vorbesprechung nicht alles nachvollziehen konnte oder sich bis zum Lösen von Aufgabenteil b) nicht mehr erinnert. Es werden mehrere Tipp Karten einer Sorte ausgelegt damit es hier nicht zu Verzögerungen kommt.
Auch die Arbeitsteilung innerhalb der Gruppen stellt eine didaktische Reduktion dar, da nicht jeder Schüler alles berechnen muss, aber dennoch eine komplexe Aufgabe gelöst werden kann. Die zu berechnenden Räume sind von unterschiedlicher Schwierigkeit, es gibt Räume, die aus zusammengesetzten Flächen bestehen. Die Zulosung der bestimmten Räume auf die einzelnen SuS wird durch die Lehrperson geleitet, welche die Einteilung der Gruppen durch ein Skatspiel arrangiert. Dabei wird allerdings darauf geachtet, dass leistungsschwächere SuS keine zusammenge-

setzten Flächen berechnen müssen und auf die einzelnen Gruppen aufgeteilt werden. Ich habe mich für diese Klasse bewusst für die Erarbeitung in Gruppen entschieden, damit die SuS sich über ihr Vorgehen austauschen.
Um eine erfolgreiche **Sicherungsphase** durchzuführen, in der die Lernzeit der SuS möglichst hoch ist wurden die einzelnen Räume auf eine Folie gedruckt, wo die SuS lediglich ihre Rechnungen aufführen müssen. Dabei ist unter allen Räumen ein Platz für das Gesamtergebnis vorgesehen. Es müssen nicht alle Räume genau erläutert werden, eine exemplarische Erläuterung einzelner Zimmer und das Sammeln der weiteren Ergebnisse genügt- auch da nicht jeder Schüler jede Rechnung vorliegen hat. Das Gesamtergebnis, was jeder haben soll, wird wieder detailliert erläutert, sowie ein Antwortsatz dazu aufgeschrieben.

Lernschwierigkeiten könnten bei der Berechnung der zusammengesetzten Flächen auftreten, sowie generell bei der Berechnung der Länge der Fußleisten.
Diesen wird durch die gestuften Lernhilfen vorgebeugt. Bei der Berechnung der Fußleisten könnte besonders die Breite der Tür ein Problem sein, was allerdings auch auf den Lernhilfen aufgeführt ist. Auch durch die Einteilung in Gruppen sowie der Austausch nach der Einzelarbeitsphase innerhalb der Gruppe können SuS noch eine Hilfe von ihren Mitschülern bekommen.
Zeitproblemen beim Bearbeiten beider Aufgaben wird durch ein akustisches Signal vorgebeugt. Spätestens wenn dieses ertönt sollen die SuS mit Aufgabenteil b) fortfahren.So werden die SuS in ihrem Arbeitstempo nicht ganz so eingeschränkt. Sollten manche Gruppenmitglieder es nicht schaffen beide Aufgabenteile zu berechnen, so können die anderen Gruppenmitglieder, die ähnliche Aufgaben gelöst haben in der 2. Arbeitsphase behilflich sein, um doch zum Gesamtergebnis zu kommen.

Als **Hausaufgabe** messen die SuS ihr eigenes Zimmer und berechnen dessen Flächeninhalt, sowie die Länge der Fußleisten (abzüglich der Tür). Hierbei wird noch einmal die Alltagsnähe und der Bezug zur eigenen Lebenswelt deutlich.
Dafür wird die Aufgabe schon vorher an der Tafel angeschrieben und von den SuS im Heft notiert.
Hierbei ist eine gewisse Struktur vorgegeben, damit niemand vergisst die Breite der Tür zu messen.
Sollte ein Schüler kein rechteckiges Zimmer haben ist seine Hausaufgabe ein beliebiges rechteckiges Zimmer im Haus zu messen und die Berechnungen hierfür durchzuführen.

6. Verlaufsplan

Phase & Ziel	Sozial/ Aktions-form	Unterrichtsschritte	Medien/Hilfsmittel
Einstieg *Einstimmung, Aktivierung von Vorwissen*	Plenum	• Begrüßung, Vorstellung der Gäste • Kopfrechnen	
Erarbeitung *An dieser Stelle lässt sich der Grad der prozessbezogenen Zielerreichung überprüfen*	EA	• Stundenthema und Verlauf werden vorgestellt • Losen der Gruppen • Arbeitsauftrag wird ausgeteilt, vorgelesen, kurze Vorbesprechung erst innerhalb der Gruppen, dann im Plenum, Klärung von Fragen • Zuteilung der Räume anhand der Spielkarten • SuS arbeiten in EA an ihrer Aufgabe • Spätestens auf das akustische Signal wird mit der Berechnung von Aufgabenteil b) begonnen	Kartenspiel AB, gestufte Lernhilfen Heft Glocke
Sicherung *An dieser Stelle lässt sich der Grad der fachlichen Zielerreichung überprüfen*	GA	• Vorstellen des Ergebnisses in der Gruppe • Bestimmung des Gesamtergebnisses	Heft
	Plenum	• Ergebnisse werden auf Folie vorgestellt • Gesamtergebnis und Antwortsatz werden von allen notiert (falls noch nicht geschehen)	Folie
Schluss	Plenum	• Stellen der Hausaufgabe • Verabschiedung Variables Stundenende: Berechnung von Flächeninhalt oder Umfang eines weiteren Raumes	Tafel, Heft

7. Literatur

- Kernlehrplan NRW: Ministerium für Schule, Jugend und Kinder des Landes Nordrhein-Westfalen:
  Kernlehrplan für die Hauptschule in Nordrhein-Westfalen. Mathematik. 1. Auflage. Frechen 2004.

- SCHRÖDER, Max; BERND, Wurl; WYNANDS, Alexander (Hrsg.): Maßstab 6 Mathematik. Schrödel 2005.

8. Anlage

- Arbeitsblätter
- Folie der Sicherungsphase
- Hausaufgabe
- Gestufte Lernhilfen

Arbeitsblatt

Familie Meier muss in die abgebildete Wohnung umziehen.

   a) Wie groß ist die neue Wohnung?
   b) Wie viel Meter Fußleisten müssen Meiers für ihre neue Wohnung kaufen?

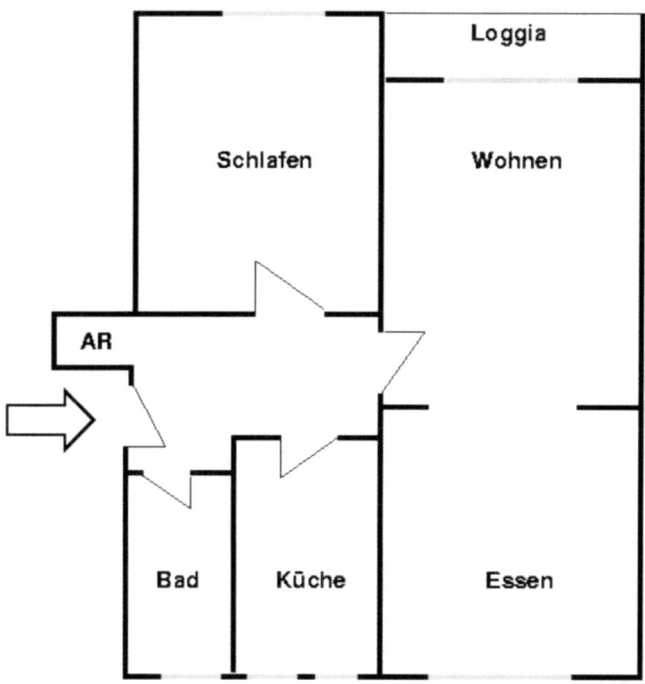

Hinweis:

Maße nach Belieben einfügen.
Alle Türen sind 1 m breit.

Folie der Sicherungsphase

	Größe	Fußleisten
Kinderzimmer		
Küche		
Bad		
Flur		
Wohnzimmer		
Schlafzimmer		
Gesamt Kinderzimmer + Küche + Bad + Flur + Wohnzimmer +Schlafzimmer		
Antwortsatz		

Hausaufgabe

Miss dein Zimmer aus und notiere dies:

Erstelle einen Grundriss deines Zimmers und trage die Längen ein.

1.) Wie groß ist dein Zimmer?
2.) Wie lang sind die Fußleisten in deinem Zimmer?

Gestufte Lernhilfen

Tipp-Karte 1

Formel für den Flächeninhalt eines Rechtecks
$A = a \cdot b$ (Länge mal Breite)

Tipp – Karte 2
Das Wohnzimmer ist kein Rechteck.
Kannst du es in Rechtecke aufteilen, um die Formel für den Flächeninhalt eines Rechtecks zu nutzen?

Tipp – Karte 3
Unterteilte Flächen kannst du addieren, um den gesamten Flächeninhalt zu erhalten.
$A_1 + A_2 = A_{Gesamt}$

Tipp – Karte 1
Die Formel für den Umfang einer Fläche lautet
$U = 2a + 2b$

Tipp – Karte 2
Denke dir erst die Türen weg und ziehe sie später vom Umfang ab.

Tipp – Karte 3
Für den Umfang von zusammengesetzten Flächen musst du die einzelnen Seiten-
längen zusammenrechnen.
Ziehe für jede Tür 1m vom Endergebnis ab.

BEI GRIN MACHT SICH IHR WISSEN BEZAHLT

- Wir veröffentlichen Ihre Hausarbeit,
  Bachelor- und Masterarbeit

- Ihr eigenes eBook und Buch -
  weltweit in allen wichtigen Shops

- Verdienen Sie an jedem Verkauf

Jetzt bei www.GRIN.com hochladen
und kostenlos publizieren